ÉDUCATIONS

DE

VERS A SOIE

DE RACES DIVERSES

Faites à Metz en 1866 et en 1867

NOTE

Lue à la Société d'Histoire naturelle de la Moselle

Par M. F. DE SAULCY

Chevalier de la Légion d'honneur, ancien officier de la Marine militaire
ancien élève de l'École Polytechnique,
Membre de l'Académie impériale de Metz
Membre de la Société d'Histoire naturelle de la Moselle
Membre de la Société impériale zoologique d'acclimatation
et de plusieurs autres Sociétés savantes

(Extrait du *Bulletin de la Société d'Histoire naturelle de la Moselle*,
année 1868)

METZ

J. VERRONNAIS, Imprimeur de la Société d'Histoire naturelle

1868

ÉDUCATIONS

DE

VERS A SOIE

DE RACES DIVERSES

Faites à Metz en 1866 et en 1867

NOTE

Lue à la Société d'Histoire naturelle de la Moselle

Par M. E. DE SAULCY

Chevalier de la Légion d'honneur, ancien officier de la Marine militaire
ancien élève de l'École Polytechnique
Membre de l'Académie impériale de Metz
Membre de la Société d'Histoire naturelle de la Moselle
Membre de la Société impériale zoologique d'acclimatation
et de plusieurs autres Sociétés savantes

(Extrait du *Bulletin de la Société d'Histoire naturelle de la Moselle*,
année 1868)

METZ

J. VERRONNAIS, Imprimeur de la Société d'Histoire naturelle

1868

ÉDUCATIONS

DE

VERS A SOIE

DE RACES DIVERSES

Faites à Metz en 1866 et en 1867.

Messieurs,

Il y a deux ans que je soumettais à votre appréciation les expériences que j'avais tentées en 1864 et en 1865, pour tâcher de reconstituer à l'état de santé, l'insecte précieux qui faisait naguère la richesse des régions séricicoles de la France, et qu'une maladie redoutable menace depuis un certain nombre d'années déjà, d'une destruction totale. Je vous entretenais en même temps des essais que j'avais entrepris pour acclimater dans la Moselle des vers nouveaux, vivant les uns sur l'ailante, les autres sur le chêne, et vous avez témoigné avec une bienveillance dont je me suis senti pénétré, l'intérêt que vous preniez à une série d'expériences dont le résultat pouvait être d'introduire une industrie de plus dans notre département. Votre intérêt s'est accru en raison de la sincérité que vous avez reconnue dans l'exposé des résultats qui vous étaient soumis ; c'est qu'en effet, si je me plaisais à vous faire part de mes désirs et de mes espérances, jamais je n'ai reculé devant l'aveu, quelque pénible qu'il fût, des insuccès qui mettaient à néant mon labeur sans rebuter ma persévérance.

Je viens aujourd'hui, avec la même bonne foi, vous dire ce qui m'est advenu pendant les deux années 1866 et 1867. Vous y verrez le bien et le mal tout ensemble ; des réussites à côté de déceptions, et des échecs capables de faire perdre courage, compensés, grâce à Dieu, par quelques résultats favorables.

Il me semble que l'éducation des vers du mûrier a fait un pas considérable depuis deux ans, et qu'elle peut être considérée, au moins sous le rapport de la production de la graine, comme un fait acquis dans le département de la Moselle. J'ai la conviction qu'elle peut s'y propager, par chambrées restreintes provisoirement, comme une industrie rémunératrice, aussi longtemps que sévira l'épidémie qui fait le désespoir des magnaniers. Plus tard, quand la maladie aura pris fin, comme toute chose en ce monde, je ne doute pas que la production de la soie, l'habitude aidant, ne vienne tout naturellement remplacer la production de la graine qui n'aura plus alors sa raison d'être.

Sans m'arrêter plus longtemps à des idées spéculatives inspirées par des faits qui se sont passés sous vos yeux et dont vous avez pu suivre le développement, j'arrive aux expériences qui font le sujet de la présente note.

Mes observations ont porté, en 1866, sur quatre types

distincts du Bombyx du mûrier, dont un du Japon et trois
d'origine chinoise ; elles se sont étendues aussi à deux
autres espèces de Bombyx également de l'extrême Orient,
l'une vivant sur le chêne, le Bombyx Yama-Maï provenant
du Japon, et l'autre vivant sur l'ailante, le Bombyx Cynthia
originaire de la Chine.

Les vers à soie du mûrier de race japonaise formaient
deux séries, dont la première se composait des vers de reproduction provenant de la graine introduite en France,
en 1865, par la *Société impériale zoologique d'acclimatation*, et la seconde, de ceux issus de la graine offerte à
S. M. Napoléon III par le Taïcoun du Japon.

Race du Japon. Première série. — Les vers de reproduction ont été confiés à une personne qui les a conduits
avec soin et intelligence ; l'éducation a marché régulière-
ment, les mues se sont accomplies avec facilité, la
mortalité a été presque insignifiante, les cocons ont été
réguliers et comme ils ont présenté de tout point les
mêmes caractères que j'avais reconnus en 1865, je ne
donnerai que les détails les plus succincts sur cette catégorie. Elle a éclos du 20 au 25 mai et elle avait déjà fini
ses cocons au moment où se sont produits les gros orages
qui signalent presque toujours le deuxième tiers du mois
de juillet, période très-dangereuse pour les vers attardés.
Les cocons ont donné de bons reproducteurs qui ont fourni
de belle graine ; mais comme je n'avais plus l'intention de
suivre cette race dont les cocons me semblaient trop petits
bien qu'ils fussent d'excellente qualité, la majeure partie a
été étouffée pour être convertie en soie.

Race du Japon. Deuxième série. — Vers la fin du mois de mars 1866, j'ai reçu du ministère de l'Agriculture un carton de la graine offerte par le Taïcoun du Japon à S. M. l'Empereur, qui avait généreusement prescrit d'en faire opérer la distribution aux éducateurs et aux expérimentateurs qui en feraient la demande, sous la réserve unique de rendre compte au Ministre du résultat de l'éducation.

Les petites chenilles de cette catégorie ont commencé à se montrer à partir du 1ᵉʳ mai, et le 4 elles sortaient en grand nombre. Comme les mûriers n'avaient encore ni feuilles ni bourgeons entr'ouverts, j'ai dû me résigner à laisser mourir de faim toutes les larves qui éclosaient trop hâtivement. Mais le 8, ayant pu me procurer quelques rameaux précoces, j'ai fait une première levée.

L'éclosion s'est prolongée fort longtemps ; le 23 mai il y avait toujours des naissances, et de plus il restait un nombre considérable d'œufs de belle apparence qui en promettaient encore de nouvelles pour plusieurs jours. J'ai pris alors le parti de laisser périr toutes les larves en retard, de même que j'avais laissé mourir celles qui s'étaient trop hâtées.

Mes vers d'expérience se sont trouvés répartis, selon la date de leur naissance, sur une période de quinze jours. Une pareille irrégularité ne peut être que funeste à une éducation, car elle y amène infailliblement une mortalité considérable à laquelle on échappe ordinairement quand les vers d'une même table sont au contraire tous du même jour.

Je pense que la durée excessive de l'éclosion peut et doit être attribuée aux mauvais temps et aux froids aigres qui ont fait du mois de mai 1866, jusqu'au 25 inclus, un véritable mois d'hiver. Je n'ai pourtant pas eu recours à la chaleur artificielle pour cette race, pas plus que pour aucune de celles que j'ai expérimentées jusqu'ici, et néanmoins les larves se sont montrées assez robustes ; toutefois je dois avouer qu'elles n'avançaient guère, puisqu'elles ont mis plus de quinze jours pour arriver à leur premier sommeil. Après cette première crise passée, le mois de juin s'étant montré favorable, les vers ont profité à vue d'œil, les mues se sont faites aisément et toutes les larves ont pris la plus belle apparence.

Le premier cocon a été fait le 2 juillet, cinquante-cinq jours après la première levée, et le dernier le 19, cinquante-sept jours après la levée du 23 mai. Les papillons se sont montrés à dater du 23 juillet jusqu'au 20 août, ce qui donne vingt et un jours de cocon pour le plus précoce, et trente-deux, au minimum, pour le plus en retard. Il y avait eu quinze jours d'écart entre les premières et les dernières naissances, il s'en est trouvé dix-sept entre les cocons extrêmes, et il y en a eu vingt-huit entre le premier et le dernier papillon ; enfin le cycle entier de la vie des larves, depuis leur naissance jusqu'à l'apparition des papillons, a été en moyenne de quatre-vingt-deux jours.

Jusqu'au 4 juillet l'éducation a marché très-régulièrement, à part cependant le premier âge qui a duré presque le double du temps normal. La perte survenue jusque-là pouvait s'évaluer à trois p. %. environ ; mais à partir de cette époque il est arrivé des chaleurs écrasantes, sans le moindre souffle d'air pour les tempérer, et la mortalité a commencé à se développer. Ces grosses chaleurs ont amené à leur tour de forts orages, et je ne crois pas exagérer en affirmant qu'ils ont fait périr, entre le 12 et le 19 du mois, un tiers au moins de mes larves. Celles qui n'étaient pas encore arrivées à tout leur développement cessaient de croître et tombaient en pourriture; celles qui étaient sur le point de monter, se raccourcissaient et changeaient de couleur comme si elles allaient se transformer en chrysalides, sans avoir filé; d'autres, sans changer de nuance, devenaient complétement flasques, et quelques-unes enfin mouraient sans avoir perdu leur belle apparence, mais alors la région des fausses pattes devenait œdémateuse et semblait frappée de paralysie. Sur un lot de deux cents larves, soixante et douze sont mortes de ces diverses manières, et les cent vingt-huit autres ont filé cent vingt-sept cocons, dont un double. Les cocons étaient verts, à l'exception de quatre qui se sont trouvés blancs.

Les cent vingt-huit larves qui ont filé, ont donné quatre-vingt-dix-neuf reproducteurs, dont cinquante mâles et quarante-neuf femelles. Les cocons ressemblaient tout à fait à ceux que j'avais obtenus, en 1865, de la graine importée par la *Société impériale d'acclimatation*, mais les cocons blancs étaient d'une petitesse extrême.

Seize cocons vivants et choisis d'une taille hors ligne, pour des japonais, ont pesé 17 grammes et 5 dixièmes, ce qui aurait comporté neuf cent quatorze cocons pareils pour un kilogramme. D'un autre côté seize cocons vivants de dimensions ordinaires n'ont pesé que

13 grammes et 6 dixièmes, et il en aurait fallu onze cent soixante et quinze pour faire le même poids. Or, comme les cocons exceptionnels ne se trouvaient, par rapport aux cocons ordinaires, que dans la proportion de un à six, on peut inférer des nombres précédents, qu'un kilogramme aurait comporté onze cent trente-huit cocons vivants, pris au hasard.

Quatre-vingt-dix-huit cocons qui avaient donné leur papillon, dépouillés de tous débris de chrysalide et de larve, ont pesé ensemble 11 grammes juste; à ce compte il aurait fallu prendre huit mille neuf cent neuf cocons pour fournir un kilogramme de matière bonne à être dévidée.

De semblables opérations pratiquées en 1865 sur la race japonaise importée par la *Société impériale d'acclimatation*, nous avaient montré qu'il fallait compter quatorze cent vingt-huit cocons vivants par kilogramme, et onze mille deux cent trente six pour donner un kilogramme de matière à dévider. Ces nombres rapprochés de ceux indiqués précédemment établissent une différence notable à l'avantage de la graine de S. M. le Taïcoun, par rapport à celle que le commerce japonais avait livrée à la *Société d'acclimatation*.

Trois pontes comptées exactement ont fourni un total de onze cent soixante et quinze œufs, ce qui établissait la ponte moyenne à trois cent quatre-vingt douze; d'autre part neuf cent quatre-vingt-un œufs pesés, dans des conditions à pouvoir s'affranchir du poids du support, ont donné 52 centigrammes; on peut donc admettre qu'il y avait dix-huit cent quatre-vingt-six œufs dans un gramme, et environ cinquante-six mille six cents dans une once. A ce compte il aurait fallu cent quarante-cinq femelles fécondées pour produire 30 grammes de graine, et un kilogramme de cocons vivants aurait amplement fourni trois onces de graine.

Race de Chine. — La race *chinoise*, que je dois à la générosité de la *Société impériale d'acclimatation* et qui m'était venue comme graine dans un état déplorable, puisque le carton qui la portait exhalait une odeur très-forte de moisissure, m'avait donné, en 1865, un certain nombre de variétés remarquables par leur coloration. Ces variétés n'ont pas toutes persisté ; elles se sont constituées définitivement, pendant l'année 1866, en trois types bien tranchés qui m'ont donné trois souches distinctes de vers sains et robustes dont les cocons très-beaux déjà, le deviendront plus encore, j'espère ; et je m'efforcerai de les propager autant qu'il pourra dépendre de moi.

La première série se compose de vers entièrement blancs, semblables par leur nuance à tous les vers du mûrier qu'on élève en Europe.

La deuxième comprend des vers zébrés dont le fond est encore d'un blanc pur, mais chez lesquels chaque segment est orné de deux cercles noirs étroits, qui le bordent en avant et en arrière.

Quant à la troisième elle n'a que des vers d'une teinte plus ou moins foncée, dont chaque anneau est bordé d'une ligne blanche assez étroite. Quelques-uns de ces vers sont d'un noir si profond et si doux à l'œil, qu'ils semblent comme enveloppés d'une tunique de velours.

Race de Chine. Première série. Vers blancs. — Les œufs du type blanc ont donné des éclosions depuis le 17 mai jusqu'au 31 inclus. Comme j'avais considérablement de vers de cette catégorie à laquelle je tenais moins, à tort peut-être, qu'aux deux autres, et qu'il m'eût été d'ailleurs à peu près impossible de soigner convenablement tout ce que j'avais de vers en expérience, je pris la résolution, quand ils furent arrivés au quatrième âge, d'en sacrifier la majeure partie, pour ne conserver que les plus beaux au nombre de cent soixante.

Ils ont filé leurs cocons du 15 au 25 juillet inclus, avec un écart de douze jours, et ils en ont donné cent vingt-trois, soit à très-peu près 77 p. % sur le nombre total des larves. Tous étaient de couleur nankin, à part cinq qui étaient blancs. Sur les cent dix-huit cocons jaunes, soixante-six étaient réguliers et cinquante-deux pointus par un bout. Ces derniers étaient dans la proportion de 44 p. %, et les réguliers dans celle de 56, à très-peu près. Je m'abstiens d'établir aucune proportion pour les cocons blancs, par la raison que je n'ai eu de cette nuance que deux femelles et un mâle avorton qui n'a même pas pu être accouplé, et que par conséquent je n'en ai pas eu de graine.

Les papillons ont fait leur apparition du 1ᵉʳ jusqu'au 25 août inclus, avec un écart de 24 jours, double de celui qui s'était produit pour les cocons. Le papillon le plus précoce a eu, au maximum, dix-neuf jours de cocon, et le plus en retard en a eu trente et un, au minimum.

Les papillons étaient beaux, assez gros et très-ardents ; mais à partir du 20 août on a commencé à voir sur les ailes de ceux qui éclosaient alors des gouttelettes d'un liquide jaune d'or qui noircissaient très-promptement à l'air. J'ai constaté qu'à partir de cette époque les pontes ont donné considérablement d'œufs qui sont restés jaunes, et qui par conséquent n'avaient pas de germe.

Ce phénomène s'est manifesté surtout pour les papillons du type blanc ; il s'est produit aussi, mais dans une proportion moindre, pour les papillons du type zébré. Je ne serais pas éloigné de croire qu'il dût être attribué à la prodigieuse humidité qui a régné pendant tout le mois d'août 1866, humidité qui aura déterminé probablement une altération ou tout au moins un appauvrissement dans la constitution des sujets de ces deux séries.

Vingt-quatre femelles ont donné 4 grammes et 41 centièmes de graine, ce qui ferait, pour le poids moyen d'une ponte, 183 milligrammes, poids si faible, que je ne puis m'en rendre compte que par le très-grand nombre d'œufs stériles qui se trouvaient mélangés avec les bons. Effectivement une ponte faite à part et dans laquelle il y avait quatre cent vingt-huit œufs, dont quinze seulement restés jaunes, pesait, défalcation faite de la tare du support, 267 milligrammes, presque moitié en sus du poids déduit précédemment. Des pontes semblables auraient néanmoins donné encore quinze cent soixante-treize œufs au gramme, nombre un peu trop fort pour de la graine de bonne qualité, d'autant qu'une fraction de ponte, mais d'une très-belle femelle, a donné, poids net, 19 centigrammes pour deux cent soixante œufs, ce qui ne portait plus qu'à treize cent soixante-huit le nombre des œufs contenus dans un gramme, chiffre plus conforme à ceux que j'ai trouvés pour les autres catégories quand elles ont fourni des pontes normales et de belle apparence.

Comme rendement industriel, quarante-trois cocons réguliers, vidés complétement de tous débris, ont pesé 5 grammes et 60 centièmes, et trente-six cocons pointus, dans les mêmes conditions, ont donné 4 grammes et 25 centièmes, ce qui porte à sept mille six cent soixante-dix-huit pour les cocons réguliers, et à huit mille quatre cent soixante-dix pour les pointus, le nombre nécessaire pour fournir un kilogramme de matière à dévider.

Race de Chine. Deuxième série. Vers zébrés. — Les œufs du type zébré ont donné, comme ceux du type blanc, des éclosions depuis le 17 jusqu'au 31 mai inclus. Les cocons ont été filés à partir du 10 juillet jusqu'au 2 août compris, et les papillons se sont montrés depuis le 4 août jusqu'au 6 septembre inclus.

Les naissances ont eu quatorze jours d'écart, les cocons en ont présenté vingt-trois, et il y en a eu trente-trois entre les premiers et le dernier papillon.

J'ai obtenu de cette série deux cent soixante-sept cocons, dont deux cent trente-huit jaunes nankin, et vingt-neuf blancs. Parmi les jaunes, cent soixante-trois étaient réguliers et soixante et quinze étaient pointus par une extrémité. Les premiers se trouvaient sensiblement dans le rapport de 68 p. % et les derniers dans celui de 32 seulement.

Les deux cent trente-huit larves qui ont filé des cocons jaunes n'ont donné que cent soixante-neuf reproducteurs, soit 71 p. %, du nombre des sujets ; mais si on compare le nombre des reproducteurs eu égard à la forme des cocons d'où ils sont sortis, on trouve que les cocons réguliers, qui ont fourni cent onze papillons, n'en ont donné que 68 p. %, tandis que les cocons pointus, d'où il est sorti cinquante-huit papillons, ont fourni des reproducteurs dans une proportion un peu supérieure à 77 p. %.

Quant aux cocons blancs il s'en trouvait vingt et un de réguliers et huit de pointus, les premiers étaient donc comme 72, et les derniers comme 28 à 100. Les vingt-neuf larves qui les ont filés ont donné quinze reproducteurs soit un peu plus de moitié, proportion bien inférieure à celle que nous avons constatée pour les larves qui avaient donné des cocons jaunes. Enfin sur les quinze papillons éclos des cocons blancs, onze sont sortis des cocons réguliers et quatre des cocons pointus. Les cocons blancs, réguliers ou pointus, ont donc subi par la mortalité une perte à très-peu près égale et qui a atteint la proportion de 50 p. %.

Les cocons jaunes ont donné quatre-vingt-sept mâles et quatre-vingt-deux femelles, et les cocons blancs huit mâles et sept femelles; on peut donc dire que les sexes se sont trouvés répartis a peu près également dans chaque catégorie.

Une femelle de cocon nankin a fait une ponte de quatre cent trente-neuf œufs dont le poids net était de 296 milligrammes, à ce compte un gramme en aurait contenu quatorze cent quatre-vingt-trois. D'autre part une femelle de cocon blanc en a pondu quatre cent trente six dont le poids net s'est trouvé de 56 centigrammes, et il en serait entré douze cent onze dans un gramme. Il est évident que la quantité d'œufs, pour chaque ponte, doit varier dans de certaines limites, selon les femelles, toutefois les deux nombres ci-dessus relatés sont bien voisins l'un de l'autre, et leur moyenne donne un chiffre de quatre cent trente-sept qui se rapproche singulièrement de celui que nous avons généralement rencontré pour les pontes faites dans les meilleures conditions et par les races les plus belles.

Comme rendement industriel cent neuf cocons jaunes réguliers et complétement débarrassés de tous debris, ont pesé 15 grammes, ce qui porte à sept mille deux cent soixante-sept le nombre qu'il en faut pour donner un kilogramme de matière exploitable. Cinquante-huit cocons de même nuance mais pointus ont pesé 86 décigrammes et il ne faudrait que six mille huit cent vingt-trois de ces derniers pour fournir le même poids de substance à dévider. Enfin vingt-trois cocons blancs tant réguliers que pointus, en mélange, ont donné 31 décigrammes ; pour ceux-ci il fallait en compter sept mille quatre cent dix-neuf pour obtenir la même quantité de matière utile.

Race de Chine. Troisième série. Vers noirs. — Les vers du type noir ne se sont montrés que deux jours plus tard que ceux des types blanc et zébré; l'éclosion a eu lieu du 19 au 31 mai ; les cocons ont été filés entre le 11 et le 26 juillet, après cinquante-deux jours, au maximum, pour les premiers et cinquante-six, au minimum, pour le plus en retard ; les papillons sont sortis du 2 au 24 août après vingt-deux jours de cocon pour le premier, et vingt-neuf pour le dernier. Il y avait eu douze jours d'écart entre les naissances, il y en a eu quinze entre les cocons et il s'en est trouvé vingt-deux entre le premier et le dernier papillon.

J'ai obtenu de cette superbe race deux cent huit cocons dont cent cinquante-neuf jaunes nankin, soit 76 p. %, et quarante-neuf blancs, soit un peu moins de 24 p. % par rapport au nombre des larves qui ont filé.

Sur les cent cinquante-neuf cocons jaunes il y en a eu cent deux ou 64 p. % de réguliers et cinquante-sept soit 36 p. % de pointus.

Les quarante-neuf cocons blancs en ont donné vingt-cinq soit 51 p. % de réguliers, et vingt-quatre soit 49 p. % de pointus.

Il est sorti cent vingt reproducteurs des cocons jaunes et trente-neuf des cocons blancs. La mortalité des nymphes pour les larves qui ont filé des cocons jaunes a été de 24,53 p. %, et pour les larves qui ont filé des cocons blancs elle s'est trouvée de 20,43 p. %. Les papillons des cocons nankin comptaient soixante-douze mâles et quarante-huit femelles, ceux des cocons blancs vingt-cinq mâles contre quatorze femelles. Le nombre des mâles l'emportait comme on voit, de beaucoup sur celui des femelles ; pour les cocons jaunes il s'est trouvé dans la proportion de 3 à 2 et pour les cocons blancs dans celle de 3 à 1,68.

Une ponte de femelle à cocon nankin contenait quatre cent trente-deux œufs, une autre ponte de femelle à cocon blanc en contenait cinq cent huit, et les deux pesaient ensemble, poids net, 69 centigrammes ; on doit donc compter treize cent soixante-deux œufs par gramme et quatre cent soixante-dix pour une ponte moyenne.

Comme rendement les vers noirs ont donné le résultat suivant :

Soixante-dix-sept cocons jaunes réguliers, complétement vides, pesaient 11 grammes, ce qui en fait par conséquent sept mille pour un kilogramme de matière à dévider.

Quarante-trois cocons de même nuance, mais pointus pesaient 63 décigrammes ce qui en donne six mille huit cent vingt-cinq pour un kilogramme de substance utile.

Vingt cocons blancs réguliers pesaient 35 décigrammes, et enfin dix-neuf blancs pointus pesaient 29 décigrammes ; il fallait donc pour les cocons blancs, cinq mille sept cent quatorze réguliers, et six mille cinq cent cinquante et un pointus, par kilogramme de matière a exploiter.

On voit par ces nombres que pour la race noire les cocons blancs ont été les plus riches en matière textile.

Les trois types de la race Chinoise ont franchi sans difficultés les phases de leur existence, et pendant les quatre premiers âges la mortalité a été pour eux à peu près insignifiante. C'est au cinquième âge seulement et lorsque les grosses chaleurs ont amené de violents orages que les pertes sont devenues sérieuses, il n'est pas inutile de noter qu'elles ont été plus sensibles pour le type zébré, et bien plus encore pour le type blanc. Des trois enfin, c'est sans contredit le type noir que je considère comme le plus robuste.

Pour terminer ce qui est relatif à la race Chinoise, j'ajouterai que les cocons m'ont paru, en 1866, plus forts et aussi plus réguliers que je ne les avais trouvés en 1865.

Vers du chêne. — Vous vous rappelez, Messieurs, combien était vif mon désir d'amener à bien une éducation des vers Yama-Maï originaires du Japon et qui se nourrissent des feuilles du chêne. Vous avez su qu'un succès partiel, obtenu en 1864, avait été suivi en 1865 d'un désastre absolu qui m'avait enlevé, par maladie, trois mille larves de ce superbe papillon, sans qu'il m'ait été possible d'en sauver une seule. Je vous ai entretenus, dans le temps, de toutes les suppositions que j'avais faites pour me rendre compte d'une aussi rude déception et pour tâcher de m'excuser moi-même à mes propres yeux.

Aujourd'hui je viens vous dire ce que j'ai essayé en 1866, et vous avouer sans détour que je n'ai pas été plus heureux que l'année précédente ; car sur neuf cent larves environ qui m'étaient écloses, tout a péri encore de la même manière et sans la moindre exception. Je tiens à vous exposer toutes les circonstances de cette éducation malheureuse, car je crois que ce n'est qu'au prix de semblables aveux qu'on acquiert, pour soi et pour les autres, une expérience payée bien cher, et qu'on arrive à modifier des procédés nécessairement vicieux sur la valeur desquels on ne doit pas se faire illusion.

Le 1ᵉʳ février la *Société impériale zoologique d'acclimatation* m'a fait un envoi de huit grammes d'œufs Yama-Maï qui formaient un total de douze cent quatre-vingts, tant bons que mauvais et qui provenaient, je crois, directement du Japon.

Le 2 février je recevais de mon ami le docteur Sacc, un envoi de cinq mille trois cent cinquante œufs, bons ou mauvais, du même Bombyx et de provenance directe du Japon.

Le 14 du même mois je faisais venir de Lyon un peu plus de deux mille œufs introduits en France par le commerce, toujours de provenance directe du pays d'origine.

Enfin en mars et en avril mon ami M. Guérin-Méneville m'a fait deux envois d'œufs de ce magnifique Bombyx, mais d'origine française et qui s'élevaient ensemble au total de trois cents.

J'étais donc possesseur d'environ neuf mille œufs Yama-Maï ; c'était beaucoup plus évidemment que je n'aurais pu en soigner, aussi en ai-je fait d'abondantes distributions, et finalement je suis resté avec quatre mille trois cents œufs destinés à l'incubation et répartis de la sorte :

Œufs de provenance française, envoi de M. Guérin	291
Œufs de provenance Japonaise — envoi de M. Sace	2045
Œufs de provenance Japonaise — envoi de la *Société d'acclimatation*	834
Œufs de provenance Japonaise — achats faits au commerce de Lyon	1130
Total	4300

C'est le 15 avril que je les ai sortis de la cave où je les avais déposés, pour les placer dans une chambre froide d'abord, mais dont j'ai pu élever peu à peu la température pour ne pas étonner, par un changement trop brusque, les petites chenilles qui sont, comme on sait, toutes formées dans l'œuf longtemps avant l'hiver.

Dès le mois de février, je m'étais précautionné de jeunes pieds de chênes que j'avais fait mettre en pots pour les forcer successivement, et quelques-uns avaient déjà des feuilles au commencement du mois d'avril. Le 20, j'ai obtenu les premières naissances qui m'ont été données par les œufs d'origine française ; le 29 seulement elles se sont manifestées dans la graine qui m'avait été envoyée par le docteur Sacc.

L'éclosion des œufs du pays a duré huit jours, du 20 au 27 avril inclus, et sur deux cent quatre-vingt-onze œufs elle a donné deux cent vingt-quatre larves.

L'éclosion des œufs que je tenais du docteur Sacc s'est prolongée du 29 avril au 4 juin compris, pendant trente-sept jours, et sur deux mille quarante-cinq œufs elle n'a donné que sept cent trente-neuf larves, un peu moins du tiers.

Quant aux œufs qui m'avaient été envoyés par la *Société d'acclimatation* et à ceux que j'avais achetés du commerce, et qui s'élevaient ensemble au chiffre d'environ deux mille, ils n'ont rien donné du tout, car il n'est pas possible de compter *quatre* ou *cinq* larves qui sont mortes le jour même, ou au plus tard le lendemain de leur naissance.

En somme j'ai eu neuf cent soixante-trois larves qui ont vécu plus ou moins longtemps ; et ce qu'il est bon de noter c'est que jusqu'au moment où la maladie s'est emparée de mes Yama-Maï, ceux qui provenaient des œufs pondus en France, se sont montrés constamment plus vigoureux que ceux qui étaient sortis de la graine apportée du Japon. La durée excessive de l'incubation pour les œufs de cette provenance pouvait peut-être faire présager ce résultat, et à coup sûr, elle dénotait une détérioration qu'on ne saurait attribuer, à mon sens, qu'aux fâcheuses vicissitudes d'un voyage très-long, fait dans de mauvaises conditions.

La terrible mortalité qui avait anéanti mon éducation de 1865, m'avait rendu circonspect, et j'ai séparé de la manière la plus complète, en 1866, les vers d'origine française de ceux d'origine du Japon, dans l'espoir de me soustraire aux influences d'une maladie contagieuse, en supposant qu'elle vînt à se produire encore. Après avoir élevé mes larves françaises pendant les deux premiers âges, et les japonaises pendant le premier seulement, sur de jeunes chênes en pot, j'établis toutes les chenilles, chacune dans leur chambrée spéciale, sur des rameaux plongeant dans des vases pleins d'eau où j'avais mis du charbon de bois concassé, avec addition d'une très-petite dose de sulfate de fer ; par surcroît de précaution, les rameaux étaient renouvelés tous les deux jours.

Malgré tous les soins que j'ai pu prendre, j'ai perdu un nombre considérable de jeunes larves pendant le premier âge, et celles d'origine japonaise ont été, de beaucoup, les plus maltraitées.

Les deux cent vingt-quatre chenilles sorties de la graine faite en France, se sont trouvées réduites à cent treize pour le deuxième âge, et comme le temps a été déplorablement froid jusqu'au 25 mai inclus, elles ont langui pendant un mois sans faire de progrès bien sensibles. Au troisième âge, elles étaient réduites à une centaine ; cinquante sont arrivées au quatrième, et quarante environ ont franchi leur quatrième mue. Pas une seule n'est arrivée jusqu'au cocon, toutes ont péri comme en 1865 par la jaunisse et la pourriture, pendant le troisième et le quatrième âge ; puis au cinquième, la maladie s'est manifestée par les taches rousses, presqu'imperceptibles d'abord, qui ont grossi rapidement, dès le second jour, et qui ont fini par envahir toute la surface en donnant à la chenille un aspect repoussant.

Il me serait très-difficile de dire dans quelle proportion les larves, issues de la graine que je devais à M. Saee, sont parvenues aux différents âges, puisque j'ai eu des naissances pendant trente-sept jours consécutifs ; mais ce qui est positif c'est que leur constitution s'est montrée constamment bien plus chétive que celle des chenilles provenant des œufs qui m'avaient été envoyés par M. Guérin-Méneville. Une circonstance qui m'a frappé, c'est que bon nombre de ees vers malingres ne sortaient pas de l'œuf par la tête, et que le corps étant tout à fait en dehors, ils conservaient leur coquille comme un casque, ee qui les faisait promptement mourir ; j'ai bien essayé d'en débarrasser quelques-uns, mais ils n'en valaient guère mieux et n'ont pas tardé à périr.

Deux ou trois larves seulement de cette graine du Japon sont parvenues au cinquième âge ; mais pour elles, comme pour-celles d'origine française, tout était fini pour le 2 juillet.

Cette fois, j'avais bien pris mes précautions, et je ne pouvais plus accuser une épidémie importée par la graine du Japon, puisque mes larves françaises avaient été constamment séparées des autres, de la manière la plus absolue. Ce soin n'avait pas empêché que la même maladie qui avait enlevé toute mon éducation de 1865, ne se manifestât à peu près simultanément dans les deux chambrées, si distantes qu'elles fussent l'une de l'autre, et avec une intensité telle qu'il ne m'a pas été donné de sauver une seule chenille. J'ai donc été forcé de chercher une autre cause à

un mal si grave, et j'ai songé alors que la manière même
dont j'élevais mes larves, pouvait bien produire le triste
résultat qui m'avait fait perdre sans profit deux années de
pénibles expériences. Je me suis attaché à l'idée que les
feuilles de jeunes pousses, plongeant dans l'eau, devaient
nécessairement donner aux larves une nourriture malsaine
par excès d'humidité, et de fait, je me suis rappelé que
j'avais constaté maintes fois une absorption très-considérable dans les vases où trempaient les rameaux, car en très
peu de temps l'eau s'y était abaissée de plus d'un centimètre.
Je me suis persuadé encore que le défaut d'espace et l'en-
combrement des larves, sans un parcours proportionné à
leur nombre, devait les placer dans de fâcheuses conditions, car les Yama-Maï sont peu sociables, et quand un
ver qui se promène en rencontre un autre au repos, il pro-
voque chez celui qu'il dérange une violente colère que ce
dernier manifeste par de fortes saccades de toute la partie
antérieure du corps, comme s'il voulait frapper l'importun.
Le Yama-Maï doit donc baigner constamment dans un air
pur, en toute liberté, et sans contact autant que possible
avec des voisins.

Tout cela, j'en conviens, n'était qu'hypothèses, mais
elles avaient quelque chose de très-vraisemblable qui
s'était emparé de moi, et il me fallait attendre toute une
année pour en apprécier la valeur.

Au début de cette très-malheureuse éducation, j'ai
reconnu que les œufs d'une teinte verdâtre, quelque
bonne apparence qu'ils puissent présenter dans leur
forme, et malgré l'absence de toute dépression ombili-
cale, ne valent rien néanmoins, et ne contiennent pas de

chenille. J'ai acquis la preuve de ce fait en ouvrant les œufs que j'avais cru bons, et qui pourtant n'avaient rien donné. Les œufs gris ou blancs renfermaient chacun une larve, morte il est vrai, mais enfin ils en avaient une, tandis que tous les œufs de couleur olive ne contenaient qu'une substance concrétée, mais sans trace aucune d'embryon. C'est du reste l'opinion des Japonais que les œufs gris-clairs sont les meilleurs, que les gris foncés sont médiocres, et que les blancs ne valent rien[1] ; pour moi j'ai la conviction que tout ce qui tire sur le vert ne vaut absolument rien, et que les œufs blancs au contraire ne sont pas mauvais du tout.

J'ai ouvert un bon nombre d'œufs parmi ceux, de belle apparence, que j'avais reçus de la *Société impériale d'acclimatation*, ou que j'avais achetés du commerce ; ils n'avaient rien donné malgré leur bonne mine, et j'y ai trouvé les petites chenilles très-bien formées, mais toutes étaient mortes. La majeure partie étaient sèches, néanmoins il y en avait une certaine quantité qui étaient encore molles mais grises et en état de décomposition.

Vers de l'ailante. — Je ne parlerai du Bombyx Cynthia que pour mémoire, les cocons que j'avais obtenus en 1865 étaient trop peu nombreux pour pouvoir donner un résultat favorable, il n'y en avait que dix en tout. Dans de si médiocres conditions j'ai eu des éclosions les 14, 15, 16, 19 et 20 juin, qui ont donné six mâles ; le 22 les quatre premiers étaient déjà morts, et il n'y

---

[1] Bulletin de la *Société d'acclimatation*, année 1864, page 525.

avait pas encore de femelle. Le 24 il en est sorti une, mais les deux mâles qui restaient n'étaient plus capables de faire leur office, et le 27 la pauvre bête s'est mise à pondre sans avoir été accouplée. Dans les trois derniers cocons j'ai trouvé deux chenilles mortes qui n'avaient pas pu se transformer en nymphes, et une chrysalide ouverte, mais dont le papillon, mal conformé, n'avait pas pu se dégager. Il est toujours très-fâcheux de n'avoir qu'un nombre trop limité de cocons, parce qu'il est difficile, pour ne pas dire impossible, d'avoir dans de pareilles conditions, des éclosions simultanées qui permettent le rapprochement des sexes.

Ce n'est que vers la fin de juillet que j'ai pu avoir des œufs de papillons issus d'une première éducation, et bien qu'ils aient donné beaucoup de larves, tout a péri misérablement sans laisser le moindre espoir pour l'année d'ensuite, vu qu'il n'y a eu que quatre cocons filés vers la fin d'octobre, en plein air et par des temps très-froids. Les mois d'août et de septembre, qui ont été deux mois de pluies continuelles, avaient déterminé parmi les vers de cette éducation trop tardive, une maladie analogue à celle qui avait sévi sur les Yama-Maï. Les uns prenaient des taches noires assez circonscrites d'abord, mais qui finissaient par s'étaler sur une grande portion de la surface, et ils mouraient en pourriture ; les autres au contraire ne se tachaient point, mais la peau s'effleurissait comme s'ils eussent été saupoudrés de plâtre ou de farine, et finalement ils périsssaient sans pouvoir faire leur cocon.

Enfin une dernière circonstance, dont il faut grandement tenir compte, est venu compléter la déconfiture de mes pauvres vers Cynthia, c'est qu'à cette époque de l'année, août et septembre, les chenilles sont attaquées, même jusque dans les chambres, par les guêpes qui pullulent alors et sont un de leurs ennemis les plus redoutables. J'ai vu de ces bêtes, aussi carnassières qu'elles sont acharnées après les fruits sucrés, dévorer sur place les pondeuses de mes vers du mûrier ; et M. Belhomme, qui a voulu pousser l'expérience jusqu'au bout, a constaté, montre en main, qu'elles lui avaient mis à mort, dans l'espace de cinq minutes, vingt vers Cynthia dans une éducation qu'il avait voulu suivre en plein air.

Je ne puis dissimuler que l'expérience que j'ai faite en 1866 sur ce beau bombyx, n'a abouti qu'à un insuccès presqu'aussi complet que celui que j'avais éprouvé pour l'éducation des vers Yama-Maï.

Il me reste maintenant à exposer les résultats auxquels je suis arrivé en 1867, et pour rendre plus facile à saisir la modification que j'ai apportée cette année dans la manière de conduire les Yama-Maï, c'est par eux que je vais reprendre cette deuxième partie de mon étude.

Yama-Maï. — L'épidémie, qui avait fait périr toutes mes larves et qui m'avait réduit à l'impuissance de recommencer mon travail en 1867, n'avait pas tué rien que mon éducation de ces superbes insectes ; personne je crois n'avait été épargné en 1867, et les plus heureux s'étaient trouvés réduits au plus strict nécessaire pour rentrer en possession d'une race qui semblait vouloir résister à toutes les tentatives faites en vue de l'acclimater si loin de son pays d'origine.

La *Société impériale d'acclimatation*, qui m'avait envoyé, trois années de suite, de la graine de ce précieux bombyx, avec une bienveillante gracieuseté dont je suis heureux de lui exprimer ici toute ma reconnaissance, se trouvait elle-même au dépourvu. De son côté, mon ami le docteur Sace n'avait rien reçu d'un envoi direct du Japon sur lequel il avait cru pouvoir compter, et je voyais s'écouler le mois de mars sans recevoir le moindre avis qui pût me donner l'espoir que je serais en mesure de recommencer une étude dans laquelle je n'avais rencontré jusque-là que difficultés de toute sorte, et deux fois de suite l'insuccès le plus absolu.

Je croyais tous les expérimentateurs aussi dénués que moi et n'entrevoyant plus la moindre lueur d'aucun côté de l'horizon, je me sentis pris de découragement et je ne me préoccupai plus du soin de faire préparer de jeunes chênes pour subvenir aux premiers besoins d'une éducation sur laquelle j'avais tout à fait cessé de compter. Dans ma croyance que tout avait été frappé d'un même désastre en Europe, j'ignorais qu'un grand seigneur hongrois, M. le baron de Breton [1], habile observateur et naturaliste passionné, avait obtenu un magnifique succès qui devait rendre le courage même aux plus

[1] J'ai eu la bonne fortune de rencontrer en octobre M. le baron de Breton à Paris, chez notre ami commun M. Guérin-Méneville; dans une charmante causerie il m'a été donné d'apprécier toute la finesse des ingénieuses observations du savant hongrois, et j'ai eu tout à gagner en écoutant le récit de ses curieuses expériences.

maltraités, et leur démontrer qu'ils devaient s'en prendre à eux-mêmes plus qu'aux éléments de leurs revers, et que la question demandait beaucoup d'étude et surtout beaucoup de patience.

Je songeais donc avec une certaine amertume que j'étais complétement battu dans mon entreprise et que je n'avais plus la possibilité de recommencer la lutte, même avec une quasi certitude d'échouer. Très-certainement j'étais désappointé, mais j'éprouvais comme un sentiment d'obstination et d'amour-propre révolté qui m'aurait fait volontiers revenir à la charge, eussé-je été certain de rencontrer dix chances mauvaises contre une bonne.

J'en étais là de mes pénibles réflexions, quand je reçus de Nîmes, le 26 mars, une petite boîte dans laquelle M. Maumenet, membre de la *Société impériale d'acclimatation*, m'envoyait un nombre assez considérable d'œufs Yama-Maï qu'il avait obtenus précisément à l'époque où je perdais neuf cents larves sans pouvoir en sauver une seule. Cette petite boîte était accompagnée d'une lettre toute gracieuse qui rehaussait encore à mes yeux le prix du cadeau charmant que M. Maumenet avait la générosité de me faire.

Mon anxiété fut grande en ouvrant la boîte, il s'y trouvait des petites chenilles déjà écloses, et je n'avais pas la moindre feuille de chêne ni même de cognassier à leur offrir ! J'essayai, pour sortir d'embarras, de leur présenter des rameaux de *Photinia glabra* qui avait réussi en 1864 à Paris, mais ce fut bien inutilement, mes pauvres petites larves se laissèrent mourir de faim, les unes après les autres, jusqu'au jour où je pus leur offrir un jeune chêne à gros fruit que j'avais fait forcer dès le 27 mars. Malheureusement il avait fallu bien du temps pour arriver jusque-là, et ce n'est que le 14 avril que j'ai eu des bourgeons assez développés pour pouvoir les donner à mes Yama-Maï. Chaque jour il en était éclos quelques-uns, et j'avais eu le chagrin de les voir périr le lendemain ou le surlendemain de leur naissance. J'en ai perdu de la sorte soixante et seize, et les deux derniers qui soient venus, sont nés le 16 avril. Il y en a eu en tout quatre-vingt-six, mais le 19 il n'y en avait plus que dix de vivants, et encore un d'eux qui avait trop souffert de la faim n'a-t-il pas pu accomplir sa première mue; il est mort le 3 mai, et je me suis trouvé réduit à neuf larves au lieu de quatre-vingt-six que j'aurais pu avoir si, comme les années précédentes, j'avais eu le soin de me prémunir de jeunes chênes forcés.

A partir de ce moment mes neuf larves ont accompli avec une grande régularité les phases diverses de leur existence.

Le premier âge a duré onze jours, sommeil compris.

Le deuxième âge, y compris le deuxième sommeil, en a duré douze.

Le troisième âge a été sensiblement plus court, il n'a été que de huit jours, dont deux pour le troisième sommeil.

Le quatrième âge s'est prolongé pendant quatorze jours, sur lesquels il en faut compter cinq pour le quatrième sommeil, et enfin le cinquième âge a duré treize jours, jusqu'au cocon.

L'éducation, commencée le 14 avril, a été de cinquante-neuf jours ; le 10 juin au matin j'avais le premier cocon, et le 12 il y en avait huit en train.

Si on compare ce résultat à celui qui avait été obtenu en 1864, on trouve que la première éducation a duré sensiblement le double du temps de la seconde, car elle avait commencé le 14 mars et n'avait donné son dernier cocon que le 12 juillet, après cent quatorze jours d'existence de larve.

Indépendamment des huit cocons en voie de formation, il y avait une neuvième larve aussi belle et aussi forte que les autres qui aurait dû filer de même, puisque son temps était arrivé, pourtant elle continuait à manger, mais sans appétit. Elle se tenait immobile, mais ne se vidait point comme font les chenilles qui vont se transformer en nymphe. Dans la soirée du 12 juin j'ai vu poindre, sur sa peau, quelques petites taches rousses, et dès lors je l'ai considérée comme perdue. Un peu plus tard, elle a essayé d'attacher quelques brins de soie pour s'envelopper d'une feuille ; mais elle travaillait sans énergie. Le 13 elle étalait sa soie en nappe et ne s'était pas encore vidée ; le mal augmentait d'intensité, les taches se multipliaient sur toute la surface de son corps et s'y épanouissaient en larges plaques qui devinrent rapidement noires ; définitivement elle est morte le 16 juin toute noire, flasque et d'un aspect repoussant.

En somme, sur neuf larves, huit avaient fait de très-beaux cocons, et j'espérais bien, si la chance n'était pas par trop défavorable, obtenir de la graine, car il n'y avait pas plus de quarante-huit heures de différence entre la formation du premier et celle du dernier.

Je crois que je dois attribuer pour cette fois la bonne santé de mes Yama-Maï à la manière dont je les ai conduits en 1867.

J'ai répudié complétement l'emploi des jeunes pousses de chêne trempant dans l'eau.

Pendant les deux premiers âges j'ai nourri mes larves sur de jeunes chênes vivants ; mais à partir du troisième, comme je n'avais pas assez de petits arbres pour espérer de conduire les chenilles jusqu'au cocon, je les ai placées, sans les toucher, sur des branches dont les feuilles avaient poussé sur du bois mûr. Chaque branche était fichée dans un vase rempli de terre humide et baignant, par le pied, dans une coupe pleine d'eau ; et les branches étaient scrupuleusement renouvelées tous les jours.

J'évitais par ce procédé l'inconvénient d'une nourriture aqueuse qui avait été, selon moi, si funeste à mes Yama-Maï en 1865 et en 1866, et de plus, je ménageais à mes larves un espace relativement considérable qui leur permettait de circuler librement, et les maintenait comme dans un bain d'air pur, à l'abri de tout contact forcé avec leurs voisines. Enfin les feuilles poussées sur du bois d'une année leur offraient en abondance une nourriture saine que je crois impossible de leur donner avec des rameaux du printemps, dont les tiges herbacées et les feuilles trop tendres s'imprègnent, comme de véritables éponges, de l'eau dans laquelle on les fait plonger.

Par le fait, sous l'influence de ce régime, j'ai vu mes larves prospérer à vue d'œil et franchir lestement toutes les phases de leur existence. Je crois donc que je suis entré dans une bonne voie, et que la méthode que j'ai suivie cette année est à peu près certaine pour élever en chambre les Yama-Maï, et j'oserais presque affirmer toutes les chenilles de même nature, telles que les Bombyx Mylitta, Pernyi, etc... Ces larves, comme je l'ai déjà dit plusieurs fois, sont très-sauvages et ne supportent pas volontiers la société de leurs congénères ; il leur faut beaucoup d'air, beaucoup d'espace, et de la feuille remplie de sève mais non gorgée d'eau.

Toutefois quand la chaleur est forte et que l'atmosphère est sèche, ces vers ont besoin d'eau, faute de quoi ils cessent de manger et deviennent malades ; on reconnaît aisément quand le besoin d'humidité se fait sentir pour eux, parce qu'alors ils s'agitent et circulent en tous sens, mais surtout ils descendent vers le bas des tiges pour chercher un peu de fraîcheur sur la terre. Ce dernier signe ne trompe jamais, c'est alors le cas de les asperger même très-abondamment.

Je ne veux pourtant point dissimuler combien j'ai été désappointé le jour où j'ai vu un de mes plus beaux Yama-Maï présenter les symptômes de la redoutable maladie qui avait été si funeste à mes essais de 1865 et de 1866. Évidemment, il y a là encore une pernicieuse *inconnue* pour moi, et je ne sais si je pourrai parvenir à la reconnaître et à l'éliminer.

Ainsi que j'avais opéré en 1864, j'ai laissé mes cocons sur les rameaux où ils s'étaient établis, et je les ai numérotés au fur et à mesure de leur formation.

Le n° 1 a été commencé le 10 juin au matin ; les n°s 2 et 3, dans la nuit du 10 au 11 ; le n° 4 dans la matinée du 11, et les n°s 5, 6, 7 et 8 dans la nuit du 11 au 12.

Les choses ainsi réglées, il ne me restait plus qu'à attendre la venue des papillons.

L'éducation de 1864 m'avait donné à penser qu'à partir de la formation du cocon jusqu'à la sortie du papillon, on pouvait compter quarante-cinq jours environ, et qu'on ne devait guère en dépasser cinquante. Je m'attendais donc, en admettant que mes cocons fussent bons, à voir éclore ces magnifiques insectes entre le 24 et le 27 juillet. Le fait est venu justifier ma supposition, et le 25, entre huit et dix heures du soir, les cocons nᵒˢ 3, 5 et 1, me livraient chacun un mâle superbe, deux de la variété jaune, le nᵒ 5 étant de la variété brune ; et dans la même nuit, vers une heure ou deux, peut-être, du matin, le nᵒ 7 donnait à son tour un quatrième mâle de la nuance brune. J'avais donc obtenu pour le quarante-cinquième jour, suivant mes prévisions, quatre papillons sur huit que j'attendais ; mais malheureusement ils étaient tous quatre du même sexe. Deux jours ensuite, le 27 juillet, et encore à 8 heures du soir, le cocon nᵒ 2 s'ouvrait pour laisser sortir un superbe papillon jaune : c'était encore un mâle ! Il en était éclos cinq sur huit cocons. Les trois derniers donneraient-ils des femelles ? Je le désirais bien plus que je n'osais l'espérer.

Le 1ᵉʳ août, voyant que le cinquantième jour était accompli et qu'il ne venait plus de papillons, j'appréhendai que les dernières nymphes ne fussent mortes, et je me décidai à ouvrir les trois cocons restant. Les nᵒˢ 4 et 8 étaient bien réellement morts, leurs chrysalides, grosses et bien faites, étaient remplies sous leur enveloppe d'un liquide en état de décomposition. Quant au nᵒ 6, il contenait une nymphe très-belle et bien vivante, aussi, sans pousser plus loin ma curiosité, je refermai de suite son cocon et le suspendis de nouveau dans sa cage de gaze, pour en surveiller l'éclosion.

Les empreintes des antennes, parfaitement dessinées sur les deux chrysalides mortes, ne pouvaient pas me laisser le moindre doute, il y avait encore là deux mâles ! Cette persistance agaçante, dans l'identité du sexe, ne contribua pas médiocrement à tempérer mon regret de la perte des deux cocons.

Enfin le 6 août, un peu avant dix heures du soir, cinquante-sept jours après la formation du cocon n° 6, je voyais sortir le dernier de mes Yama-Maï. Comme les cinq mâles éclos antérieurement étaient tous morts, peu m'importait désormais le sexe du dernier venu, puisque l'expérience de 1867 ne pouvait plus me fournir d'éléments pour poursuivre mon étude en 1868. Ma déconvenue devait être complète, et du dernier cocon il sortait un dernier mâle jaune, superbe et bien vivant ; la fente longitudinale que j'avais faite à son cocon ne l'avait gêné en aucune façon, et il est sorti de prison comme ses cinq frères, en perçant l'extrémité de son cocon.

Lorsque je m'étais vu en possession de huit cocons, je m'étais cru bien assuré d'en obtenir de la graine ; mais je n'avais pas prévu qu'ils donneraient huit mâles !

Si contrariante qu'ait été cette éducation de 1867, elle m'a pourtant révélé un fait qu'il est bon de noter, c'est que les Yama-Maï ne sortent pas de leur cocon vers la fin de la nuit, comme je l'avais supposé jusqu'ici. A l'encontre du Bombyx du mûrier, qui perce généralement le sien entre six et huit heures du matin, c'est entre huit et dix heures du soir que le Yama-Maï fait son trou dans son cocon. J'ai vu cinq de mes papillons à leur sortie et avant que leurs ailes fussent développées, je ne peux donc pas me tromper. Quant à celui que je n'ai aperçu qu'à trois heures du matin, ses ailes étaient déjà tout étendues et complétement sèches, il avait donc dû sortir vers une heure du matin, mais guère plus tard, car il faut une heure ou une heure et demie pour que les ailes soient parfaitement déplissées. C'est donc de huit heures du soir à minuit qu'il convient de surveiller l'éclosion de ces papillons, parce que c'est alors le moment le plus favorable pour les distribuer par paires sans leur faire de blessures.

Il est vraiment curieux de suivre le manége de ce superbe insecte au moment où il se dégage de son enveloppe ; mais pour bien jouir de ce spectacle, il faut que le cocon soit placé dans des conditions convenables. Je recommande donc aux personnes qui désireraient en faire l'expérience, d'employer la méthode que j'ai mise en pratique cette année et dont je n'ai eu qu'à me féliciter. Il est bon de remarquer, tout d'abord, que la chenille file son cocon dans une situation sensiblement verticale, en l'entourant d'une ou de deux feuilles, avec la précaution de lui faire une attache solide par un ruban de soie qui monte le long du pétiole et s'appuie sur une petite étendue du rameau. Quand le cocon est terminé, la nymphe y est invariablement placée de manière que sa tête est logée à l'extrémité qui adhère au ruban fixé lui-même à la branche. Ceci étant connu, quelques jours avant l'époque où on présume que les papillons doivent sortir, c'est-à-dire environ quarante jours après la formation des cocons[1], on coupe les rameaux qui les portent, à deux ou trois centimètres au-dessus du ruban d'attache, et on les suspend par un fil, la tête en haut, dans des cages très-légères et à parois de gaze. Il ne faut mettre qu'un seul cocon dans chaque cage dont la face inférieure, complétement ouverte, n'est bouchée que par le plan sur lequel elle pose. Les choses ainsi établies, il n'y a plus qu'à attendre le moment de l'éclosion. Quand il est venu, le papillon, après s'être entièrement dégagé de son enveloppe, descend rapidement, soit le long du cocon, soit par les feuilles qui l'embrassent, au plus bas du bouquet qui lui a servi d'abri, et il y reste accroché le corps pendant ainsi que les ailes qui sont encore flasques, mouillées et plissées. Peu à peu on voit ces organes s'allonger, s'étendre et se colorer, et l'insecte facilite l'opération en les agitant doucement de temps à autre. Il lui faut une bonne heure pour arriver à son entier épanouissement, et on peut dire qu'il n'est complet que lorsqu'il met ses ailes en tuile. Il n'est pas possible de se tromper sur le sexe, les antennes le caractérisent de la façon la plus claire. Dès qu'on a reconnu un mâle et une femelle, comme chaque papillon est dans une cage particulière, il est extrêmement aisé de soulever les deux qu'on a choisies et de les

---

[1] Pendant cette période de quarante jours, il est bon de laisser les cocons parfaitement tranquilles sur les branches mêmes où ils ont été filés.

appliquer l'une contre l'autre par leur paroi ouverte, on les assujettit par un ou deux tours de ficelle ; et on a ainsi, sans avoir touché les papillons, sans les avoir blessés ni même déflorés, une paire réunie dans une cage double. Comme chaque cage simple est de dimension restreinte, 25 centimètres de longueur sur 14 de hauteur et autant de largeur, la cage double n'a, par le fait, qu'une hauteur de 28 centimètres, et dès lors les deux sexes ne peuvent éviter de se rencontrer, et l'accouplement devient inévitable.

Il est évident que plus on a de cocons et plus il y a chance de réussite pour avoir de la graine, car les papillons, vivant peu de jours, il est essentiel que des insectes des deux sexes puissent éclore simultanément. L'expérience m'a démontré cette année que des cocons filés le *même jour* pouvaient donner un écart de douze jours pour l'éclosion des papillons, et ce temps est le double à peu près de celui qui suffit pour amener la mort des Yama-Maï.

Je conviens très-volontiers que la méthode que j'ai suivie, tant pour élever les larves que pour faire accoupler les papillons, n'a rien de bien pratique, mais jusqu'à ce que ce beau Bombyx se soit fait complétement au pays, jusqu'à ce qu'il puisse s'y propager en liberté et à l'état sauvage comme fait actuellement le Bombyx de l'ailante, je crois qu'il sera bon d'employer toutes les précautions possibles, et qu'il n'y a rien à négliger pour assurer la reproduction d'un si précieux insecte.

Venons maintenant aux éducations des vers à soie du mûrier, en 1867.

Mes expériences ont porté, cette année, sur cinq races particulières. Outre mes vers d'origine chinoise des types blancs, zébrés et noirs, j'ai eu à ma disposition des œufs de provenance du Japon envoyés à la *Société impériale d'acclimatation* par M. le docteur Mourier ; des œufs d'une race de Cachemire réputée saine ; des œufs de l'Amérique équatoriale introduits en France par M. Antony Gelot, et enfin j'ai dû suivre, comme délégué par la commission de sériciculture de l'Académie impériale de Metz, une éducation des vers de la race milanaise entreprise par le sieur Trombetta, en vue de concourir pour la prime offerte aux éducations restreintes pour grainage, par S. Exc. le Ministre de l'agriculture, du commerce et des travaux publics. J'exposerai rapidement les résultats fournis par chacune de ces races, et j'y joindrai un tableau comparatif des quantités proportionnelles de substance utile fournies par chacune d'elles.

Je dirai tout d'abord qu'une circonstance imprévue a exercé la plus funeste influence sur mes éducations de vers du mûrier, et a failli me les faire perdre tous. Deux nuits de suite les fourmis se sont introduites dans le local où j'avais établi mes jeunes chenilles, et j'en ai perdu, par le fait de ces pillardes, au moins deux mille. Quand je me suis aperçu de l'accident pour la première fois, les fourmis n'étaient pas en bien grand nombre, et j'ai cru qu'en les tuant toutes j'aurais paré à l'inconvénient ; mais, le lendemain matin j'ai reconnu combien mon erreur était grande. Les fourmis étaient revenues en masse, et je les ai trouvées qui emportaient bravement mes petites chenilles sur lesquelles elles faisaient une razzia à fond. Je n'ai pu éviter un massacre général qu'en transportant mon laboratoire dans un autre local. A la suite de ce désastre, beaucoup de vers, qui ne paraissaient pas touchés, sont morts cependant, je crois bien qu'ils avaient été mordus, car ils devenaient enflés et comme paralysés : Je soupçonne qu'en mordant, les fourmis instillent dans la blessure qu'elles font, un peu d'acide formique ou d'un poison quelconque qui, en se mêlant au sang de leur victime, la prive de tout mouvement pour en faire une proie plus facile à emporter.

Je n'ai donc pu élever, pour la majeure partie, que des larves nées après cette débâcle, et comme il en sortait médiocrement chaque jour, j'ai eu des éducations tout à fait décousues, surtout pour les vers de Cachemire.

Race du Japon. — La race du Japon, que j'ai expérimentée en 1867, provenait des cartons que M. le docteur Mourier a envoyés directement à la *Société impériale zoologique d'acclimatation* et qu'il désigne sous le nom de *Hikidané*. Ces cartons, préparés avec plus de soin que ceux qu'on se procure ordinairement dans le commerce, présentent, à ce qu'il paraît, plus de chances de réussite ; la graine en est fournie par une race de choix, et les cartons *Hikidané* sont réservés, dans le pays, pour les éducateurs qui veulent des garanties de succès.

Le fragment de carton que je devais à la gracieuseté de la *Société d'acclimatation*, a donné une éclosion remarquablement belle. Le 19 mai, quelques larves ont commencé à se montrer, le 23 elles sortaient à force, et le 28 l'éclosion était complétement achevée. Les mues se sont accomplies sans difficulté, les larves mangeaient bien, elles ont grossi rapidement, et la mortalité a été à peu près insignifiante. Le 8 juillet, après quarante-quatre jours, j'avais déjà des cocons, et les derniers ont été filés le 22, cinquante-cinq jours après les dernières naissances.

J'ai encore remarqué cette année, de même que les années précédentes, que la race japonaise est quelque peu paresseuse, qu'elle n'aime pas beaucoup à monter, et que, pour peu qu'elle en ait la facilité, elle fait volontiers son cocon dans sa litière.

J'ai constaté que la graine envoyée par le docteur Mourier a fourni des cocons sensiblement plus gros que ceux que j'avais obtenus des races japonaises en 1864 et en 1865, et même que ceux qui provenaient de la graine offerte, en 1866, par le Taïcoun à S. M. l'Empereur. En effet, j'ai comparé les cocons *Hikidané* avec ceux de reproduction de la race May-Bash apportée au commencement de 1864 par M. Berlandier, de même qu'avec ceux de la graine introduite en France par la *Société impériale d'acclimatation*, et enfin avec ceux de la graine du Taïcoun. Chacune de ces races ou variétés a fourni successivement des cocons de plus en plus beaux comme dimensions, bien qu'ils demeurassent identiques pour la forme, mais l'avantage est resté, sans aucun doute possible, à ceux provenant de la graine des cartons *Hikidané*. Ainsi, par exemple, il fallait onze mille cinq cent soixante cocons May-Bash vides, et onze mille deux cent trente-six de ceux de la *Société d'acclimatation*, pour donner un kilogramme de substance propre à être dévidée ; il n'en fallait plus que huit mille six cent cinquante-deux de ceux du Taïcoun ; et enfin sept mille huit cent quatre-vingt-neuf de ceux du docteur Mourier suffisaient pour fournir le même poids de matière exploitable. Pour faire ces comparaisons, j'ai toujours opéré de la même manière ; j'ai commencé par débarrasser les cocons de leur bourre, et ensuite je les ai fendus d'un côté, dans toute leur longueur, afin d'en extraire, aussi exactement que possible, toute espèce de résidu ou de débris de larves et de chrysalides.

Un des caractères qui me semblent établir avec certitude l'excellence, comme pureté, de la race des cartons *Hikidané* sur toutes celles qui étaient venues antérieurement du Japon, c'est qu'elle n'a donné, à ma connaissance, que des cocons verts, tandis que toutes les autres et même celle du Taïcoun, avaient donné, plus ou moins, un nombre assez élevé de cocons blancs très-petits.

Les races japonaises ont une tendance toute particulière à faire des cocons doubles ou à deux nymphes ; cette année encore le même fait s'est reproduit, et sur cent vingt-huit larves que j'ai suivies tout particulièrement, six se sont réunies par couples et m'ont donné trois cocons de cette espèce. Si on fait la proportion pour les chenilles on trouve qu'il y en a 4,687 p. % qui se groupent par deux ; et le nombre des cocons doubles ayant été de trois sur cent vingt-cinq, on trouve qu'il y en a sur la totalité 2,40 p. % qui ne peuvent pas se dévider et ne sont bons par conséquent qu'à faire de la filoselle.

Les cocons ont été filés du 8 au 21 juillet et les papillons se sont montrés entre le 2 et le 21 août. Il y avait eu neuf jours d'écart pour les naissances des larves ; il s'en est trouvé treize entre le premier et le dernier cocon, et vingt entre les papillons extrêmes. Les plus précoces sont sortis après vingt-cinq jours, au maximum, et les plus en retard sont restés, pour le moins, un mois avant d'éclore.

Les papillons étaient petits, mais bien faits, vifs, de belle apparence et très-ardents, les mâles surtout, pour s'accoupler ; après un premier accouplement ils recherchaient encore très-vivement les femelles [1]. Quelques papillons n'ont vécu que huit jours, très-peu ont vécu moins et beaucoup en ont dépassé douze. Les accouplements ont été, au minimum, de six heures ; la presque totalité en a duré douze et quelques-uns, mais en petit nombre, se sont prolongés au delà de vingt-quatre heures. Les pontes ont été très-régulières et la graine a fort bonne apparence.

Sur cent vingt-huit larves qui ont coconné, huit sont montées et ont filé sans pouvoir se transformer ; elles étaient dans le rapport de 6,25 p. %. Comme les vers s'étaient très-bien comportés jusqu'au moment de la montée, j'attribue cette mortalité aux violents orages qui ont éclaté du 22 au 26 juillet : trois dans la journée du 22, et un pour chacun des jours suivants. A partir du 23, toutes les chenilles qui n'étaient pas encore en cocons, sont mortes les unes après les autres. Elles ne mangeaient plus, elles restaient immobiles et semblaient paralysées, quelques contractions seulement, dans les fausses pattes,

[1] J'en ai vu un pourtant qui n'a jamais pu s'accoupler ; je suppose qu'il avait un défaut de conformation. C'est la première fois que j'ai vu chose pareille, et ce sujet défectueux poursuivait néanmoins les femelles avec une ardeur étonnante.

indiquaient que la vie n'était pas encore éteinte. Déjà, en 1866, j'avais observé les mêmes symptômes sur les vers du Taïcoun, à la suite de très-forts orages.

Les larves qui ont essayé de filer après le 22 juillet, n'ont fait que des cocons misérables, plus minces que du papier, et si transparents qu'on y voyait les chenilles mortes sans avoir pu continuer leur besogne.

En résumé, la graine des cartons *Hikidané* a produit une race belle, saine et vigoureuse, qui a filé des cocons plus riches en soie qu'aucune des races japonaises qu'il m'a été donné d'observer depuis quatre ans.

Races de Cachemire. — La graine de Cachemire que je tenais, comme la précédente, de la *Société d'acclimatation*, ne m'a donné que de très-médiocres résultats, et je crois qu'elle devait avoir beaucoup souffert du voyage si, comme on l'affirme, elle provenait d'une race bien saine. Dès le commencement du mois de mai, il s'est montré quelques larves ; mais l'éclosion s'est poursuivie lentement et elle a duré plus de six semaines ; le 19 juin, il naissait encore des chenilles, et je ne crains pas d'exagérer en disant que les trois quarts de cette graine n'a rien donné du tout. J'ai été malheureux avec les vers de cette origine comme je l'ai été du reste avec mes vers de race chinoise, bien que dans de moindres proportions, car c'est la malheureuse éducation des chenilles de Cachemire qui a été la plus ravagée par les fourmis.

Je n'ai pu élever que des larves nées postérieurement au 5 juin, tout ce qui existait antérieurement ayant été dévoré ou mis à mort par les fourmis, et comme il n'en

sortait alors que fort peu chaque jour, j'ai eu une éducation aussi décousue que possible, ce qui est toujours une
cause infaillible d'insuccès.

Je regrette d'autant plus ce triste résultat que dans le
nombre des vers que j'ai élevés, il y avait une vingtaine
de larves grises de fort belle apparence dont j'aurais voulu
tirer graine, pensant qu'elles pourraient reproduire le type
signalé par le capitaine Hutton, qui a opéré lui-même sur
une race provenant de la vallée de Cachemire. Malheureusement ces larves étaient trop en retard, et la série
d'orages qui a sévi du 22 au 26 juillet, me les a presque
toutes enlevées. Je n'ai eu en définitive que dix-huit
cocons assez beaux d'aspect, mais très-peu riches en soie ;
ils étaient de couleur nankin. Ces cocons ont donné à
partir du 20 août des papillons assez forts et bien con-
formés ; les femelles surtout étaient énormes. J'ai eu des
accouplements qui m'ont donné environ un gramme de
graine, et les œufs auraient eu tout à fait bonne apparence
s'ils n'avaient présenté un caractère qui ne me plaît pas du
tout et que je considère comme un indice de faiblesse dans
la race ; ils n'adhèrent point au carton. Ceci m'explique
pourquoi la graine que j'avais reçue de la société, se trouvait enfermée dans un sachet au lieu d'être fixée sur un
support. C'est, je crois, un vice qui tient à la race dans
l'état où elle se trouve actuellement ; peut-être se modi-
fiera-t-elle par des générations successives, et je l'espère
d'autant plus que j'ai un certain nombre d'œufs, fournis
par une même femelle, qui n'ont pas coulé du papier sur
lequel ils ont été pondus et dont la nuance est tout à fait de
bon augure. J'expérimenterai en 1868 toute la graine que

j'ai obtenue en 1867, et si par aventure je vois reparaître des larves grises, j'en ferai la sélection pour tâcher d'en propager le type, comme j'ai fait pour mes vers noirs et mes vers zébrés de race chinoise.

Graine de l'Amérique équatoriale. — J'ai reçu au printemps de 1867 de la graine des vers du mûrier de l'Amérique équatoriale, par deux voies différentes ; d'abord par M. Antony Gélot, qui en est le propagateur en France ; puis par la *Société d'acclimatation* qui la tenait, de son côté, de M. Gélot lui-même. La détresse prolongée de l'industrie séricicole, sur l'ancien continent, a déterminé, depuis une dizaine d'années, quelques industriels du Chili et des hautes régions de l'Amérique équatoriale, à entreprendre des éducations d'essais dans ces contrées encore vierges, avec la pensée que les précieux Bombyx pourraient y prospérer à l'abri des causes mystérieuses qui semblent en avoir voué, chez nous, la race à une entière destruction. Ces tentatives, timides d'abord, se sont enhardies peu à peu par des réussites incessantes, bien que sur une échelle très restreinte jusqu'ici, et n'attendent pour prendre un véritable essor que la certitude du placement de leurs produits.

Un fait remarquable, constaté depuis deux ans par M. Gélot, donne à ces graines un intérêt scientifique considérable et tout à fait en dehors des sérieuses considérations économiques que peut et doit soulever leur apparition sur les marchés d'Europe. En effet, indépendamment de la très-grave question d'offrir à l'industrie séricicole, mise en péril depuis vingt ans, une source pure et féconde où elle pourrait puiser en abondance les éléments de son travail, avec la perspective de ne les payer que par voie d'échanges, au lieu d'envoyer chaque année dans l'extrême Orient des métaux précieux qui vont incessamment s'y engouffrer pour n'en revenir jamais ; ces graines faites sur les hauts plateaux des Andes, sous l'influence d'un perpétuel printemps, auraient la faculté bizarre et très-précieuse de conserver à l'état latent, sans altération aucune, pour une notable partie d'entre elles, leur principe vital pendant quinze ou dix-huit mois et de fournir, lorsqu'elles sont expédiées en Europe, au deuxième printemps après la ponte, des éducations sur lesquelles il serait permis de compter.

L'annonce d'un phénomène si étrange, si en dehors de ce que je croyais connaître, si opposé même à toutes mes idées sur les fâcheux résultats qu'on peut reprocher aux voyages pour les graines apportées de Chine ou du Japon, avait piqué au plus haut point ma curiosité, et je tenais singulièrement à vérifier par moi-même comment cette graine supporterait l'épreuve de l'incubation.

Suivant l'affirmation de M. Gélot,[1] partie de cette graine, faite à **Quito** en novembre 1866, pouvait et devait éclore en juin et juillet 1867, et partie ne devait donner ses larves qu'au printemps de 1868. J'ai donc placé tout ce que j'en avais à ma disposition, dans le même local et identiquement dans les mêmes conditions que toutes les autres graines de vers du mûrier que j'avais en incubation.

[1] Voir le *Bulletin de la Société impériale zoologique d'acclimatation*, année 1867, pages 207 à 213.

Malgré que les œufs de l'Amérique équatoriale aient supporté la même température qui faisait éclore les larves des autres catégories, ce n'est que le 11 juin qu'ils ont donné les deux premières naissances, le 25 j'en constatais huit autres, et à dater de cette époque j'ai compté les jeunes chenilles au fur et à mesure qu'elles éclosaient. Le 20 août, leur nombre s'élevait à trois cent cinquante-huit, et il en est encore venu quelques-unes depuis, mais je n'en ai plus tenu compte. Si grande que cette quantité puisse paraître de prime abord, je la considère néanmoins comme de médiocre importance, relativement au nombre très-considérable des œufs qui sont encore pleins, et dont la teinte dénote le parfait état de conservation et de santé [1]. Je les garde donc très-précieusement pour les soumettre à une nouvelle incubation, au mois de mai prochain, et pour être fixé en 1868 sur la double assertion de M. Antony Gélot. Si cette graine conserve, comme je suis aujourd'hui très-porté à l'admettre, son principe de vie dix-huit mois après qu'elle a été pondue, elle offrira très-certainement l'exemple d'un phémomène physiologique des plus remarquables.

Parmi les vers qui en sont nés, trois seulement ont fait leur cocon, tout le reste est mort flat. Le premier a été filé le 16 août, le second le 21, et le troisième le 27, ce dernier était blanc, les deux autres étaient

---

[1] Ils ont été vérifiés dans le courant de décembre 1867 et même en janvier 1868, leur nuance est parfaite, ils sont pleins, sans dépression, et les mouchetures du pigment paraissent avec une netteté remarquable.

7

jaunes. Tous les trois étaient bien faits, résistants sous la pression du doigt, et de même forme, quoique moins gros, que les cocons de la race milanaise.

Le n° 1 a donné une femelle le 7 septembre, le n° 2 une femelle aussi le 14, et le 20 il est sorti un mâle du n° 3. Le premier papillon a percé son cocon au bout de vingt-deux jours, et les deux autres ne se sont montrés que le vingt-quatrième. Les femelles avaient pondu avant la venue du mâle ; la dernière s'est accouplée néanmoins, mais comme elle avait expulsé tous ses œufs, l'accouplement n'a donné aucun résultat.

Race de Chine. J'ai à parler maintenant de la race chinoise que je cherche à multiplier et à propager depuis qu'une chance heureuse l'a mise en mes mains et m'a permis d'en reconnaître le mérite.

Comme j'avais distribué la majeure partie des œufs que j'avais obtenus en 1866, j'ai failli tout perdre cette année par le fait des fourmis d'abord, et aussi par une inadvertence que j'ai peine à m'expliquer maintenant et que je ne me pardonnerais jamais s'il en était sorti toutes les conséquences qu'elle pouvait avoir. J'ai laissé pendant l'incubation une certaine quantité de graine dans un endroit où les rayons du soleil couchant venaient la frapper pendant près de deux heures, et je ne puis attribuer qu'à cette circonstance, dont je me suis aperçu trop tard, la perte d'un assez grand nombre d'œufs qui n'ont pas donné de larves, et la débilité de constitution des chenilles écloses dans de pareilles conditions.

C'est le 25 mai que les vers d'origine chinoise ont commencé à faire leur apparition, et le 2 juin l'éclosion était à peu près finie. Les vers noirs sont ceux qui ont fourni la plus belle ; les vers zébrés, pour la cause que je viens de signaler, ont moins bien donné, et les vers blancs, dont je n'avais qu'une faible quantité, sont sortis le 3 et le 4 juin.

Les éducations des larves de ces trois catégories auraient probablement marché d'une manière satisfaisante sans les fâcheuses circonstances qui ont affecté leur premier âge, et n'était le grave inconvénient des naissances sans ensemble qui les a rendues excessivement irrégulières, surtout lorsque les fourmis ont eu détruit la presque totalité de ce qui était sorti au plus fort de l'éclosion. J'ai pu cependant conserver assez de larves pour avoir des cocons blancs et des cocons jaunes, des vers noirs ainsi que des zébrés, mais le résultat s'est trouvé bien inférieur à ce qu'il aurait dû être. Quant aux vers du type blanc, ils ne m'ont donné que des cocons jaunes, par la raison toute simple qu'en 1866 je n'avais point obtenu de graine de la variété à cocons blancs.

Tous mes vers de la race chinoise sont éclos un peu tardivement, aussi ont-ils été influencés plus ou moins par les graves orages survenus entre les 22 et 26 juillet. Presque tous ceux qui n'avaient pas fait leur cocon avant le 23, sont morts sans apparence de maladie, et ne présentant d'autre symptôme qu'une immobilité complète qui les aurait fait croire paralysés. Jusque-là ils s'étaient bien comportés, et la mortalité ne s'était montrée que chez les sujets de médiocre apparence, ce que je crois devoir attribuer à l'irrégularité des naissances. Effectivement à l'époque des mues, les vers éveillés devaient tourmenter ceux qui étaient encore en sommeil, et le trouble préjudiciable, qui résultait d'un tel état de choses, a dû se propager et s'aggraver, d'âge en âge, pendant toute la durée de l'éducation.

Depuis huit ans que je m'occupe d'expériences sur les vers à soie, j'ai remarqué qu'à partir du 8 au 10 juillet, jusque vers le 25 du même mois, il faut s'attendre, dans le département de la Moselle, à de violents orages qui font un mal énorme aux larves qui sont en retard pour filer ; je crois avoir remarqué aussi, mais sans pouvoir l'affirmer, faute de preuves directes, que lorsque les larves se sont enfermées dans leur cocon, elles ne sont plus, à beaucoup près, aussi sensibles aux influences des phénomènes électriques de l'atmosphère. De ces deux observations combinées, il est résulté pour moi la conviction qu'il faut hâter les éclosions autant que possible, dès le commencement du mois de mai, et qu'on doit mettre à l'incubation toute la graine aussitôt que les bourgeons du mûrier commencent à s'ouvrir. En agissant ainsi, on aura, par deux ou trois levées abondantes, des tables très régulières qui donneront des éducations vigoureuses, et tous les vers auront fait leur cocon avant l'époque des orages.

Malheureusement mes expériences de 1867 n'ont pas été faites dans de bonnes conditions, elles ont péché surtout par la grande irrégularité des naissances, et je n'ai pas obtenu de la belle race chinoise tout ce que je pouvais en attendre. Je ne suis pourtant pas absolument au dépourvu, et si l'année 1868 ne se montre pas trop défavorable, j'ai l'espérance d'obtenir une quantité de graine suffisante pour pouvoir propager sérieusement les deux types *noir* et *zébré* à cocons jaunes et à cocons blancs ; mais pour le type *blanc*, je ne puis compter que sur la variété à cocons jaunes.

Je vais terminer ce qui est relatif au Bombyx du mûrier en donnant quelques détails sur la belle race élevée à Metz par le sieur Trombetta, dont j'ai suivi les éducations successives, la dernière surtout, avec une attention toute particulière.

La race qu'il cultive depuis trois ans, avec une remarquable intelligence, est d'origine milanaise, et les cocons qu'il en obtient sont vraiment de toute beauté. Sa première éducation lui a valu, en 1865, les encouragements de l'Académie impériale de Metz ; la seconde, en 1866, lui a fait obtenir une médaille d'argent, décernée par la même société à titre de récompense pour une deuxième réussite incontestable ; et pour la troisième, M. le ministre de l'Agriculture, du Commerce et des Travaux publics, lui a accordé, en 1867, la prime affectée aux éducations restreintes faites dans des conditions déterminées, uniquement en vue de produire de la graine propre à être vendue aux magnaniers [1].

Cette race dont la soie est si belle, aurait donné en 1867 une réussite absolue sans les gros orages du 22

---

[1] La première moitié seulement de cette prime a été payée au sieur Trombetta ; la seconde, étant expressément réservée pour n'être soldée qu'après constatation authentique d'un succès *au moins* obtenu avec la graine primée.

juillet et des jours suivants ; malheureusement, à partir de cette époque, presque tous les vers qui n'avaient pas filé, sont morts comme frappés de paralysie, mais sans aucun symptôme de l'affection régnante. On peut évaluer à 20 ou 25 p. %, le déficit occasionné dans l'éducation de 1867 par le fait de ces pernicieuses perturbations de l'atmosphère. Ce qui est digne de remarque, c'est que la mortalité si considérable sur les vers qui vont coconner, se manifeste à peine sur les nymphes qui sont en cocons. Effectivement, si on compare au nombre des larves qui meurent au moment de la montée sous l'influence des orages, celui des cocons filés antérieurement et qui ne sont pas percés quand vient l'éclosion des papillons, on trouve celui-ci bien faible et le premier bien grand. Devrait-on en conclure qu'une fois logé dans son enveloppe de soie, l'insecte, complétement isolé, se trouverait soustrait à l'action des météores électriques ? Le fait me paraît assez vraisemblable, mais je ne vois pas bien comment on pourrait en acquérir la preuve directe, aussi je n'ose rien affirmer. Ce qui est bien certain pour moi, c'est que si l'éducation du sieur Trombetta avait été commencée huit jours plus tôt, elle aurait donné un succès complet ; et que si, au contraire, elle avait été retardée de quatre jours seulement, elle aurait abouti à un désastre total.

Les œufs ont été mis à l'incubation le 1er juin. Les premières larves ont fait leur apparition le 4 ; le 5 et le 6, l'éclosion était dans toute son intensité ; le 7, elle diminuait très-sensiblement, et le 8, elle était finie. Les vers ont été levés en deux fois ; d'abord le 6 pour les chenilles sorties le 4 et le 5, puis le 7 pour celles du 6 et de la matinée du 7. Les trois premiers âges ont duré chacun neuf jours, sommeil compris. Vers le 7 juillet, la température s'est abaissée sensiblement et les larves ont paru impressionnées par le froid ; leur quatrième âge s'est évidemment ressenti de cette influence, car il a duré onze jours, sommeil compris cependant ; le cinquième n'en a duré que sept, et le 21 juillet les premiers cocons ont été filés, quarante-sept jours après les premières naissances. Jusque là les vers, qui étaient tous magnifiques de santé, n'avaient en quelque sorte point subi de déchet, — 2 p. % peut-être, — par suite d'accidents à l'époque des mues, et le 22 ils montaient à la bruyère avec une très-grande ardeur. Ce jour même, la température s'est considérablement élevée, l'atmosphère est devenue étouffante, et quatre orages ont éclaté dans l'intervalle de trente heures. Le quatrième surtout a fait énormément de mal, et la plus grande partie des chenilles qui étaient montées dans l'après-midi du 23, sont tombées des rameaux pendant la nuit suivante et ont été trouvées mortes sur les tables dans la matinée du 24. Chacune des journées suivantes jusqu'au 26 compris ont été signalées par de nouveaux orages et toutes les larves, qui n'étaient point en cocon à cette date, ont péri sans pouvoir filer. Nous n'avons certainement rien exagéré en évaluant au quart la perte que ces fâcheuses journées ont occasionné au sieur Trombetta.

Quelques papillons se sont montrés les 8 et 9 août, puis il y a eu un temps d'arrêt jusqu'au 18 ; enfin, le 19, ils sortaient en très-grande abondance. Les plus précoces sont éclos après dix-huit jours de cocon, mais le gros des éclosions n'a eu lieu que dix jours plus tard. Dans la première

éclosion, les mâles étaient beaucoup plus nombreux que
les femelles, et dans la seconde, bien que les sexes fussent
mieux répartis, les femelles n'étaient pourtant pas encore
en nombre suffisant. Les papillons étaient remarquables de
forme et de vigueur, et la graine qu'ils ont donnée ne
laissait rien à désirer quant à l'apparence. Aucun des
rares papillons défectueux ou simplement suspects n'a
été accouplé, et le contrôle des observations microsco-
piques, avec un grossissement de 8 à 9 cents diamètres,
est venu justifier la loyale circonspection du sieur Trombetta. Les sujets signalés comme suspects ont présenté
en effet quelques corpuscules, symptôme caractéristique
de la maladie qui sévit depuis vingt ans, et ceux au
contraire qui avaient été admis à la reproduction n'en
ont pas montré traces [1].

Les accouplements ont duré en moyenne de 8 à 10
heures, les pontes ont été très-belles, et les femelles ont
expulsé la totalité de leurs œufs, ce qui a donné, propor-
tionnellement au nombre des couples, un rendement en
graine plus considérable qu'il n'avait été en 1866. Enfin,
comme dernière observation qui ne manque pas d'une
certaine importance, les papillons étaient doués d'une
vitalité remarquable ; plusieurs ont vécu près de quinze
jours, la grande majorité en a dépassé dix, et presque

[1] Pour les papillons réputés sains, c'est-à-dire ceux qui ont servi
au grainage, on en a pris une vingtaine au hasard pour les soumettre à l'analyse microscopique. Je suis bien aise de dire ici que
les corpuscules vibrants, désignés sous différents noms depuis quelques années, ont été découverts et signalés dès 1849 par M. Guérin-
Méneville, voir la *Revue de zoologie* (année 1849, page 569 à 575,
planche 15).

toutes les femelles ont atteint huit jours après avoir terminé leur ponte.

Tableau comparatif du nombre de cocons nécessaires pour fournir un kilogramme de matière bonne à dévider.

Années	1865	1866	1867
RACE *du Japon* — May-Bash, reproduction	11560	»	»
Importée par la *Société Impériale d'acclimatation*	11236	»	»
Offerte par le Taïcoun, à S. M. l'Empereur	»	8909	»
Des cartons *Hikidané* du docteur Mourier	»	»	7589
de Chine — vers noirs à cocons nankin	»	6915	10393
vers noirs à cocons blancs	»	6652	8080
vers zébrés à cocons nankin	»	7045	9380
vers zébrés à cocons blancs	»	7419	8950
Vers blancs à cocons nankin	»	8075	7567
de Cachemire, vers blancs à cocons jaunes	»	»	8743
Milanaise arrivée à la 4e génération à Metz	8233	3116	6017

Il ne serait pas juste de conclure du tableau précédent que la race chinoise, dont le rendement, en matière exploitable, se trouve sensiblement plus faible en 1867 qu'en 1866, est une race en voie de dégénérescence, il faut tenir compte des circonstances fâcheuses qui ont pesé sur elle et qui ont dû nécessairement la déprimer en 1867, pour le type noir et pour le zébré. Les fourmis, si on veut bien se le rappeler, ont détruit ce qu'il y avait de plus précoce et de mieux éclos dans ces deux types, ainsi que dans la race de Cachemire, et je n'ai eu, pour échapper à une destruction totale de ces trois catégories, que les larves écloses les dernières, ce qui a donné beaucoup d'inégalité et d'irrégularité dans les éducations, et a dû nuire incontestablement à la vigueur des larves. D'une autre part, le progrès, qui apparaît pour les vers du type blanc, bien qu'il soit très-réel, ne constitue pas cependant une supériorité effective de cette sous-race sur la noire et sur la zébrée ; il tient essentiellement à ce qu'en 1866 j'avais à peu près abandonné les vers blancs pour ne m'occuper que des vers colorés, et qu'en 1867 je me suis ravisé, et que je leur ai donné les soins qu'ils méritent à tous égards. Ainsi donc en 1866, ayant été négligés, ils se sont montrés d'autant plus faibles que ce type était très-malade en 1865, et en 1867 des soins plus assidus leur ont rendu de la vigueur et leur ont donné une certaine supériorité apparente à laquelle j'espère bien amener les vers noirs et les vers zébrés pendant la campagne de 1868, si quelque catastrophe imprévue ne vient pas déjouer mes combinaisons.

Je voudrais ne pas terminer cette note bien longue, je le reconnais, sans vous donner quelques détails sur une éducation entreprise en saison beaucoup trop avancée, et qui est venue ajouter encore un échec à ceux dont je vous ai fait déjà la pénible nomenclature.

Le 2 septembre 1867, j'ai reçu de mon ami M. Guérin-Méneville, trente œufs du Bombyx Mylitta, avec recommandation de les mettre le plus tôt possible à l'incubation. L'avis n'était pas superflu, car les ayant placés, en bonne température, sur plusieurs doubles de linge humide, en moins de trois heures ils avaient déjà donné vingt éclosions ; le même jour, au soir à dix heures, il y en avait sept de plus, et le lendemain 5, au matin, des trente œufs il était sorti trente larves.

Le 4, il y avait une petite chenille morte, une qui se mourait, et deux autres de si chétive apparence, qu'il n'y avait point à y compter. Quant au reste, elles se montraient de bonne mine, quoique jusque-là elles n'eussent encore rien mangé que la coquille de leurs œufs dont elles semblaient très-avides. A partir du 4, elles ont commencé à attaquer les feuilles de chêne que je leur avais données, et le 7, quelques-unes ont paru s'endormir de leur premier sommeil. Ces larves avaient grossi très-vite, mais la mort s'était rapidement fait sa part, car le 9 il n'y en avait plus que 22 en vie ; six avaient changé de peau, douze étaient en sommeil, et quatre n'étaient point encore endormies.

Le 11, la première mue était terminée ; j'avais ce jour-là dix-huit vers au deuxième âge, tout le reste étant mort avant d'arriver au premier sommeil. Le deuxième s'est manifesté entre le 14 et le 17 compris, et le troisième âge, commencé le 18 septembre pour le ver le plus précoce, n'a commencé que le 29 pour le plus retardataire, ce qui a établi dès lors entre eux une différence très-sensible, bien qu'ils fussent tous nés à moins de vingt-quatre heures d'intervalle ; sur les trente, douze seulement étaient parvenus jusque-là.

Dans la nuit du 27 au 28 septembre, la température s'est abaissée jusqu'à 2 degrés au-dessous de zéro, et a causé, très-certainement, à mes chenilles un grave préjudice en altérant quinze jours plus tôt que d'ordinaire les feuilles dont elles devaient se nourrir.

Le quatrième âge a commencé, pour mes Mylitta, entre le 9 et le 18 octobre inclus. Pendant la nuit du 12 au 13, un ver, qui était en sommeil, a été tué par une araignée qui, pour le sucer plus à l'aise et l'empêcher de tomber, lui avait passé plusieurs fois son fil autour du corps, de manière à le retenir par une ceinture à la branche où il s'était fixé. L'araignée a bien été tuée sur sa proie, mais la larve était morte. Le 26 j'ai perdu un autre ver par accident, et je n'en avais plus par conséquent que dix. Le lendemain 27, un d'eux est entré dans son quatrième sommeil, et le 31 il a changé de peau pour entrer en cinquième âge.

Il était facile dès lors de voir que les périodes s'allongeaient singulièrement pour ces pauvres chenilles fourvoyées dans une saison beaucoup trop avancée et de plus en plus rigoureuse. Leur premier âge avait duré sept jours jusqu'à la mue ; le deuxième, dix ; le troisième, vingt ; le quatrième, vingt et un, et la plus précoce entrait à peine dans son cinquième âge au moment où, dans des conditions normales, elle aurait dû se mettre à filer un cocon. Depuis la fin de septembre, je leur faisais du feu d'une manière à peu près continue ; mais s'il m'était facile d'élever la température, je restais sans action aucune sur la constitution même des feuilles qui jaunissaient rapidement et ne fournissaient plus aux chenilles qu'une nourriture insuffisante, sinon pernicieuse.

Le 27 et le 28 octobre, deux larves sont mortes ; la première avait déjà vingt-sept jours de troisième âge et

ne profitait plus depuis longtemps ; quant à la seconde,
que je croyais sur le point de s'endormir de son quatrième sommeil, car c'était une des plus belles, elle
était devenue tout à coup flasque et comme vidée. Le 6
novembre, un ver du quatrième âge s'est mis à suinter,
puis il est mort presque dans les mêmes conditions que
celui qui avait succombé le 28 octobre.

Je n'avais plus à ce moment que sept Mylitta, mais
tous du cinquième âge, et j'ai cru m'apercevoir qu'ils
devenaient languissants et qu'ils perdaient leur appétit.
Pensant alors que la chaleur que j'entretenais à l'aide d'un
poêle, pouvait bien rendre l'air de la chambre trop sec,
j'essayai de les asperger abondamment ; le remède réussit à
souhait, les vers se mirent à boire et l'appétit leur revint
presque de suite avec la bonne apparence de la santé.

Le 21 novembre, au lieu de se mettre à filer, comme
cela aurait dû arriver, un des Mylitta s'est endormi pour
la cinquième fois. Je me suis imaginé alors que mes
chenilles allaient se tranformer en chrysalides sans avoir
fait de cocon ; et de fait elles se sont endormies à l'exception d'une qui est morte, le 23 novembre, après vingt et
un jour de cinquième âge. J'attendais anxieusement ce
qu'il allait advenir, mais sans conserver le moindre espoir
d'obtenir de la graine, car même en admettant que mes
larves vinssent à se changer en nymphes, j'avais la conviction qu'elles mourraient toutes sans pouvoir devenir
papillon. Ma curiosité était excitée au dernier point, et je
tenais à suivre mon expérience jusqu'au bout.

Je laisse à penser quelle fut ma surprise, quand le 2
décembre, j'ai vu deux des vers endormis changer de

peau pour commencer une sixième existence de larve !
Les 5, 8, 12 et 19 décembre, les quatre dernières chenilles entrèrent successivement dans leur sixième âge, et
mon embarras fut bien grand, car je ne pouvais pas me
résigner à les laisser mourir de faim, et je n'avais plus
rien à leur donner. Très-heureusement on m'indiqua un
pépiniériste des environs qui possédait un fort beau buis-
son de chêne vert et qui a eu l'extrême obligeance de me
fournir des branches jusqu'à la fin de mon expérience,
qui n'a été terminée que le 14 février.

Le changement de nourriture a paru très-pénible
pour mes chenilles qui étaient habituées à des feuilles
moins coriaces, et ce n'est que du bout des dents qu'elles
se sont résignées à grignoter ce qu'il fallait accepter
sous peine de mourir de faim.

Les deux vers entrés en sixième âge le 2, sont morts,
un le 12 et l'autre le 21 décembre.

Le troisième, qui avait changé de peau le 5, a vécu
jusqu'au 26 janvier, cinquante-deux jours. Dans les
derniers temps il ne prenait plus de nourriture et
s'amoindrissait dans sa longueur surtout, presque à vue
d'œil ; quand il est mort il n'avait plus que 35 millimètres après en avoir mesuré soixante et dix.

Le quatrième Mylitta, qui était parvenue au sixième
âge le 12 décembre, est mort au bout de vingt-huit
jours, le 9 janvier.

Le cinquième n'a vécu que quinze jours, entre le 19
décembre et le 3 janvier.

Quant à celui qui avait mué le 8 décembre, il a vécu
bien portant jusqu'au 8 février ; ce jour-là il a cessé de

manger et de se promener, et il a commencé à se
réduire dans ses dimensions. Enfin le 14 il est mort,
n'ayant plus que 30 à 35 millimètres de longueur. Il
avait vécu dans son sixième âge soixante-huit jours, et
en tout cent soixante-cinq depuis sa naissance!

Je crois pouvoir conclure de cette longue et pénible
éducation, que la méthode que j'emploie maintenant
pour nourrir mes chenilles est à peu près certaine,
et que si j'avais eu des Mylitta un mois plus tôt, ils
auraient très-probablement donné des cocons. Malheureusement, en septembre, c'était beaucoup trop tard!
En 1867, d'ailleurs, les froids ont été très-précoces,
et les feuilles de chêne et même de tous les arbres
ont cessé de végéter plus vite qu'à l'ordinaire; aussi
mes larves ont-elles langui, et quand le moment de
faire leur cocon aurait dû venir pour elles, comme elles
n'avaient pas encore pu secréter la substance qui leur
était nécessaire pour cette opération, la nature prévoyante
leur a fait don d'une existence supplémentaire, sans
doute pour leur donner la possibilité d'atteindre le but
qui est la fin qu'elle se propose toujours, la reproduction
de l'espèce. Ce providentiel secours est demeuré pourtant inefficace, et les pauvres larves ont succombé à une
sorte d'épuisement, conséquence forcée d'une véritable
sénilité dont je n'ai jamais vu d'autre exemple.

J'ai remarqué pendant l'éducation des Mylitta que ces
vers avaient besoin, comme les Yama-Maï, d'être rafraîchis
assez souvent. Plusieurs fois, je les ai vus boire les gouttes
d'eau que je projetais sur leurs feuilles, et quand la chaleur
ou la sécheresse, peut-être, de l'athmosphère les tourmen-

tait, ils s'agittaient et descendaient le long des branches
pour venir chercher un peu d'humidité et de fraîcheur sur
la terre où ils enfonçaient leur tête entière, quand ils
n'y trouvaient pas trop de difficulté. Lorsque j'ai eu
constaté deux ou trois fois cette disposition, j'ai essayé de
répandre sur la terre qui servait de support aux branches,
une nappe d'eau de 4 à 5 millimètres d'épaisseur, et j'ai
reconnu que loin de mettre les larves en fuite, le bain semblait au contraire leur être agréable. Elles stationnaient
alors, la tête complétement sous l'eau, pendant une demi-
heure au moins, et souvent plus ; en suite de quoi, elles se
retournaient très-adroitement mais sans la moindre préci-
pitation, pour grimper sur les branches. C'est surtout avant
de s'endormir pour une mue que ces larves paraissent
éprouver plus particulièrement le besoin de s'abreuver ou
tout au moins de se baigner la tête.

Si j'ai eu le regret d'échouer complétement dans une
éducation beaucoup trop tardive, j'ai eu du moins la
bonne fortune de faire une étude curieuse et bien intéres-
sante pour moi, en ce sens que je suis parvenu à
nourrir des chenilles pendant plus de cinq mois ; que
j'ai pu constater pour quelques-unes six existences de
larve ; et que je les ai vues mourir de vieillesse sans
qu'elles aient pu arriver à l'état d'insecte parfait.

Il m'a semblé que ces détails pourraient n'être pas
dénués d'intérêt pour la Société, et c'est la seule excuse
que je puisse alléguer pour me faire pardonner une note
aussi longue.

Metz, le 4 mars 1868.

www.ingramcontent.com/pod-product-compliance
Ingram Content Group UK Ltd.
Pitfield, Milton Keynes, MK11 3LW, UK
UKHW031808170726
13836UKWH00003B/1255